2/22

Paso a paso

La historia del maíz

Todo comienza con una semilla

Robin Nelson

ediciones Lerner ◆ Mineápolis

ediciones Lerner
Una división de Lerner Publishing Group, Inc.
241 First Avenue North
Mineápolis, MN 55401, EE. UU.

Si desea averiguar acerca de niveles de lectura y para obtener más información, favor consultar este título en www.lernerbooks.com.

Créditos de las imágenes: BLOOMimage/Getty Images, p. 3; stevanovicigor/Getty Images, pp. 5, 23 (ángulo superior derecho); fotokostic/Getty Images, pp. 7, 15; feellife/Getty Images, pp. 9, 13, 23 (ángulo inferior derecho); Allexxandar/Getty Images, pp. 11, 23 (ángulo inferior izquierdo); alexeys/Getty Images, p. 17, 23 (ángulo superior izquierdo); Westend61/Getty Images, p. 19; Ann Schwede/Getty Images, p. 21; Inti St Clair/Getty Images, p. 22. Portada: artisteer/ Getty Images (mazorca de maíz); threeseven/Getty Images (granos).

Fuente del texto del cuerpo principal: Mikado Medium.
Fuente proporcionada por HVD Fonts.

Library of Congress Cataloging-in-Publication Data

Names: Nelson, Robin, 1971– author.
Title: La historia del maíz : todo comienza con una semilla / Robin Nelson.
Other titles: Story of corn. Spanish
Description: Minneapolis : ediciones Lerner, [2022] | Series: Paso a paso | Audience: Ages 4–8 | Audience: Grades K–1 | Summary: "An ear of corn starts out as a small seed. Readers can build their sequencing skills while learning about the life cycle of corn from start to finish. Now in Spanish!"– Provided by publisher.
Identifiers: LCCN 2021021735 (print) | LCCN 2021021736 (ebook) | ISBN 9781728441931 (library binding) | ISBN 9781728447896 (paperback) | ISBN 9781728447902 (paperback) | ISBN 9781728444017 (ebook)
Subjects: LCSH: Corn—Juvenile literature.
Classification: LCC SB191.M2 N36618 2021 (print) | LCC SB191.M2 (ebook) | DDC 633.1/5—dc23

LC record available at https://lccn.loc.gov/2021021735
LC ebook record available at https://lccn.loc.gov/2021021736

Fabricado en los Estados Unidos de América
1-49948-49791-6/15/2021

El maíz es sabroso.

¿Cómo crece el maíz?

Un granjero
se prepara
para plantar.

El granjero planta
semillas.

Las semillas cambian.

Crecen plantitas.

Las plantas de maíz
crecen muy altas.

El granjero protege
las plantas.

Las mazorcas crecen.

Los trabajadores
recogen el maíz.

La gente compra
el maíz.

¡A comer!

Glosario con imágenes

granjero

mazorcas

plantas

semillas

Otros títulos

Brannon, Cecelia H. *Corn*. New York: Enslow, 2018.

Roza, Greg. *My First Trip to a Farm*. New York: PowerKids, 2020.

Shea, Therese. *Harvesting Equipment*. New York: Enslow, 2020.

Índice